Ueber

stickstoffhaltige Kondensationsprodukte

und über

polymere Modifikationen des Anethols.

Inaugural-Dissertation

zur

Erlangung der Doktorwürde

der

hohen philosophischen Fakultät

der

kgl. bayer. Ludwig-Maximilians-Universität zu München

vorgelegt von

Hermann Cohén,

aus **Peru** (Süd-Amerika).

München 1898.

Kgl. Hof-Buchdruckerei Kastner & Lossen.

Meiner Mutter

in Liebe und Dankbarkeit

gewidmet.

Die Arbeit über stickstoffhaltige Kondensationsprodukte des Anethols wurde im Laboratorium für allgemeine Chemie der kgl. Technischen Hochschule zu Stuttgart unter Leitung des Herrn Professor Dr. C. Hell ausgeführt.

Ich ergreife mit Freuden die Gelegenheit, meinem hochverehrten Lehrer, Herrn Professor Dr. C. Hell für sein, meiner Arbeit stets zugewandtes Interesse meinen herzlichsten Dank auszusprechen.

Die Untersuchungen über polymere Modifikationen des Anethols wurden im chemischen Laboratorium der kgl. Akademie der Wissenschaften zu München angestellt.

Meinem hochverehrten Lehrer Herrn Professor Dr. Johannes Thiele, auf dessen Veranlassung und unter dessen liebenswürdiger Leitung diese Arbeit ausgeführt wurde, bin ich für das mir stets bewiesene Wohlwollen und Entgegenkommen zu herzlichem Danke verpflichtet, ebenso auch Herrn Geheimrat Professor Dr. A. Ritter v. Baeyer für das meinen Studien entgegengebrachte Interesse.

Ueber stickstoffhaltige Kondensationsprodukte des Anethols.

Theoretischer Teil.

Gewisse organische Basen geben mit gebromten Ketonen Reaktionen, welche von besonderem Interesse sind. Die Einwirkung von NH_3 auf die gebromten Ketone liefert Pyrazinderivate, primäre Amine Indolabkömmlinge. Um den Verlauf der letzteren Reaktion auch an komplizierteren Körpern zu zeigen, wählte ich ein Keton des Anethols, das mir wegen seiner leichten Zugänglichkeit als passendes Beispiel erschien. Um zu diesem Keton zu gelangen, ging ich von einer Bromverbindung des Anethols aus.

Cahours[1]) erhielt Monobromanetholdibromid

$$C_6H_3Br\left\langle\begin{array}{l} OCH_3 \\ CHBr - CHBr - CH_3 \end{array}\right.$$

durch allmähliche Einwirkung von Brom auf Anethol in ätherischer Lösung. Später stellte Ladenburg bei vorsichtigem Bromieren des Anethols ein Anetholdibromid dar. Bei Zugabe von weiteren Mengen Brom erzielten Hell und Günthert[2]) ein Dibromanetholdibromid, diesem

[1]) Ann. Chem. 35, 321 und 41, 61.
[2]) I. f. pr. Ch. 52, 205.

liessen Hell und Breuninger[1]) ein Tribromanetholdibromid folgen, zu welchem sie durch mehrstündiges Erhitzen von Monobromanetholdibromid mit 2 Mol. Brom im geschlossenen Rohre auf 160° gelangten. Kocht man Monobromanetholdibromid mit Zinkstaub, so werden demselben 2 Bromatome entzogen, und man sollte nun ein Monobromanethol erhalten; dies ist aber nicht der Fall, sondern es bildet sich eine polymere Modifikation desselben, was durch die Einwirkung des bei der Reaktion entstandenen Zinkbromids zu erklären ist.

Von Interesse sind ferner die durch Oxydation der Bromide erhaltenen bromhaltigen Ketone[2]), da dieselben den Ersatz des in der Seitenkette enthaltenen Bromatoms durch verschiedene Radikale zulassen.

Unterwirft man dasselbe einem Reduktionsprozess (Behandlung mit Zinkstaub), so wird das Bromatom durch Wasserstoff ersetzt. Hell und Günthert erhielten ein Acetylderivat bei der Behandlung mit essigsaurem Kali. Bei der Einwirkung von alkoholischem Ammoniak auf Tribromanisylbromäthylketon

$$C_6\,H\,Br_3 \begin{cases} O\,C\,H_3 \\ CO - CHBr - CH_3 \end{cases}$$

wird nach Breuninger sowohl ein Bromatom des Kerns, als auch der Seitenkette herausgenommen und durch die $>$NH-Gruppe ersetzt.

Von grosser Mannigfaltigkeit sind die Einwirkungsprodukte des Anilins auf die verschiedenen Ketone.

Die Einwirkung von Anilin auf Anisyl-bromäthylketon wurde noch nicht mit Erfolg versucht. Beim Erhitzen des vom Monobromanetholdibromid sich ableitenden Ketons mit überschüssigem Anilin wurde nach Günthert das Bromatom der Seitenkette durch den Anilinrest ersetzt.

---

[1]) Inaug.-Diss. Erlangen.

[2]) I. f. pr. Ch. 51, 429.

$$C_6 H_3 Br <\begin{matrix} O\,CH_3 \\ CO - C\,H\,Br - CH_3 \end{matrix} + H\,H\,N\,C_6\,H_5$$

$$= C_6 H_3 Br <\begin{matrix} O\,CH_3 \\ CO - \underset{\displaystyle H\,N\,C_6\,H_5}{\underset{|}{CH}} - CH_3 \end{matrix} + H\,Br$$

Erhitzt man das Dibromanisylbromäthylketon

$$C_6 H_2 Br_2 <\begin{matrix} O\,CH_3 \\ C\,O - CH\,Br - CH_3 \end{matrix}$$

mit einer alkoholischen Anilinlösung längere Zeit am Rückflusskühler, so werden unter Abscheidung von bromwasserstoffsaurem Anilin nicht nur das Bromatom der Seitenkette, sondern sämtliche Bromatome des Moleküls zum Austritt gezwungen. Günthert, der diese Untersuchungen ausführte, stellte 2 Formeln für den erhaltenen Körper auf, weil die analytischen Werte eine Entscheidung zwischen beiden nicht zulassen und zwar folgende:

$$C_6 H_2 (NH\,C_6\,H_5)_2 <\begin{matrix} O\,CH_3 \\ C\,O - CH\,(NH\,C_6\,H_5) - C\,H_3 \end{matrix}$$

oder

$$\begin{matrix} C_6 H_2 (NH\,C_6\,H_5)_2 <\begin{matrix} O\,CH_3 \\ CO - CH - CH_3 \end{matrix} \\ \quad\quad\quad\quad | \\ \quad\quad\quad\quad N - C_6\,H_5 \\ \quad\quad\quad\quad | \\ C_6 H_2 (NH\,C_6\,H_5)_2 <\begin{matrix} CO - C\,H - CH_3 \\ O\,C\,H_3 \end{matrix} \end{matrix}$$

In wieder anderer Weise verlief die Einwirkung des Anilins auf Tribromanisylbromäthylketon

$$C_6\,H\,Br_3 <\begin{matrix} O\,C\,H_3 \\ C\,O - CH\,Br - CH_3 \end{matrix}$$

Wurden beim obigen Keton sämtliche Bromatome eliminiert, so blieben hier wieder die Bromatome des Kerns unversehrt. Nach Breuninger fand die Reaktion bei diesem Ketone in der Weise statt, dass aus 2 Molekülen desselben je das Bromatom der Seitenkette unter Bildung von bromwasserstoffsaurem Anilin austrat, wobei das 2-wertige Radikal $> N C_6 H_5$ die Bindung der 2 Mol. Keton herstellte. Wir haben demnach einen Körper von der Formel

$$\begin{array}{l} C_6 H Br_3 < {O CH_3 \atop CO - CH - CH_3} \\ \qquad\qquad\qquad > N C_6 H_5 \\ C_6 H Br_3 < {CO - CH - CH_3 \atop O CH_3} \end{array}$$

Dieser Reihe brom- und stickstoffhaltiger Derivate schliessen sich die von Breuninger durch Einwirkung von Phenylhydrazin auf das 3- und 4-fach bromierte Anethol dargestellten an. Derselbe beobachtete, dass 1 Mol. des Monobromanisylbromäthylketons und 2 Mol. Phenylhydrazin in Wechselwirkung treten und zwar so, dass sich das eine Molekül Phenylhydrazin mit der CO-Gruppe unter $H_2 O$-Abspaltung verbindet, während das andere das Bromatom der Seitenkette ersetzt.

$$\begin{array}{ll} C_6 H_3 Br < {O CH_3 \atop C} & - CH - CH_3 \\ \qquad\qquad \| & \quad | \\ C_6H_5-NH-N & HN - NH - C_6 H_5 \end{array}$$

Die von Wolff ausgeführten Versuche bezüglich der Einwirkung von $N H_3$ und Anilin auf β-Bromlävulinsäure sind auch speziell für meine Untersuchungen von Interesse, da sie den Uebergang zu Reaktionen von Körpern bilden, welche analog der von mir benützten zusammengesetzt sind.

Lässt man Ammoniak auf β-Bromlävulinsäure einwirken, so erhält man ein Pyrazinderivat[1]) und zwar Tetramethylpyrazin

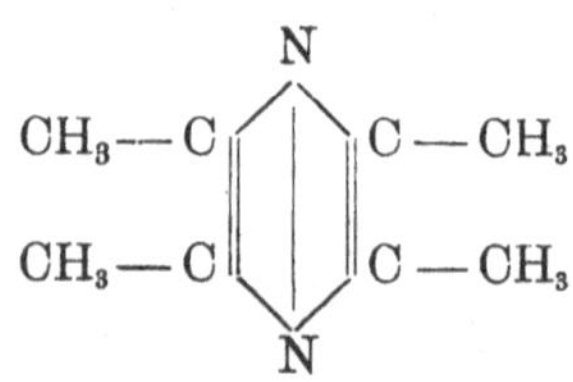

[1]) Ber. XX, 431.

Der Prozess ist folgender:

Unter Austritt von CO_2 und HBr bildet sich

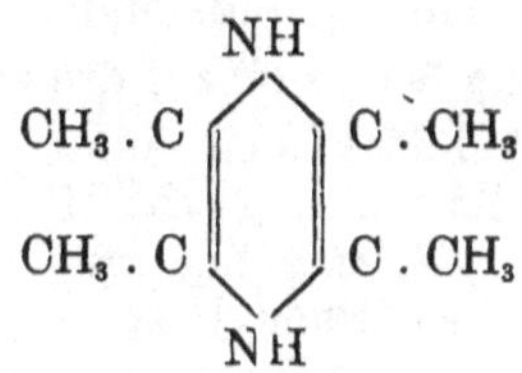

das unter Abspaltung der beiden Imidwasserstoffatome in obiges Dimethylketin übergeht. In analoger Weise, glaubte Wolff, vollziehe sich die Einwirkung von Anilin auf β-Bromlävulinsäure, doch fand derselbe bald, dass sich in diesem Falle ein Indolderivat[1])

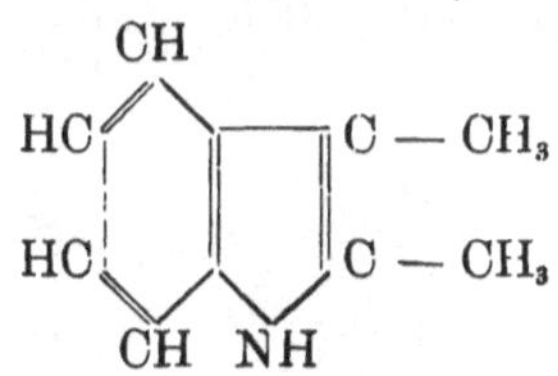

und kein Pyrazinderivat, bilde, was von Fischer und Schmitt[2]) bestätigt wurde.

Auch der von Möhlau[3]) aus Bromacetophenon und Anilin erhaltene Körper, der zuerst für ein Diphenyldiisoindol gehalten wurde, ist ein Pr—2—Phenylindol, wie von Fischer und Schmitt[4]) nachgewiesen wurde, von folgender Struktur

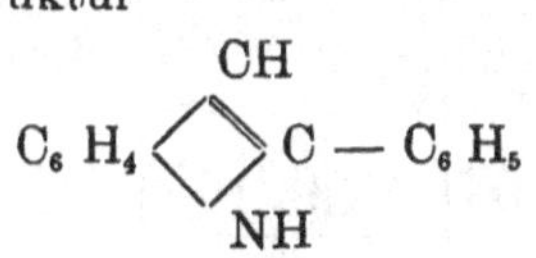

Es ist identisch mit dem von Fischer aus Phenylhydrazin und Phenylacetaldehyd dargestellten Produkte. — Es

---

[1]) Ber. XXI, 123.

[2]) Ber. XXI, 1071.

[3]) Ber. XV, 2482.

[4]) Ber. XXI, 1071.

zeigt sich also, dass die oben erwähnten hologenhaltigen Verbindungen, welche mit NH_3 Pyrazine lieferten, mit Anilin Indole, und keine Isoindole gaben.

Ihre Entstehung lässt sich auf dreierlei Weise deuten:

1. nach Wolff bildet sich aus Anilin und Bromacetophenon unter Abspaltung von HBr zunächst Acetophenonanilid, und dieses geht unter Austritt von H_2O und Verschiebung des Phenyls in Pr—2—Phenylindol über:

$$C_6H_5 - CO - CH_2 . \boxed{Br + H} HNC_6H_5$$

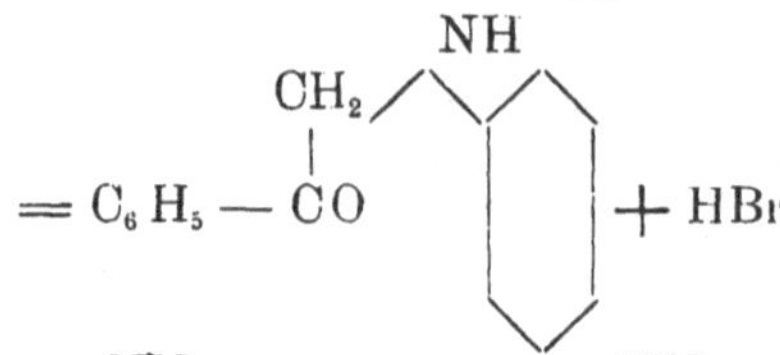

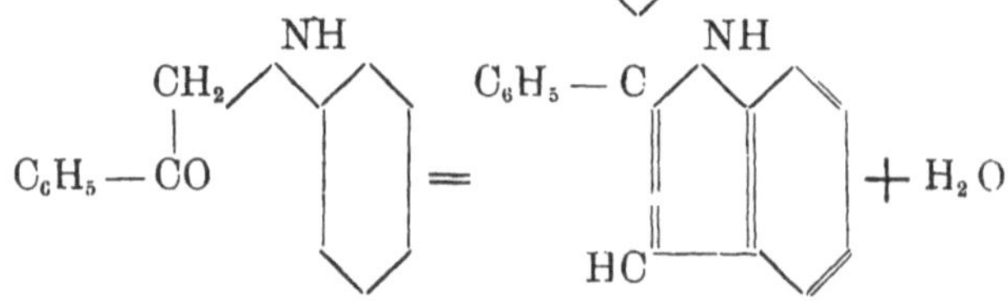

Die dabei erfolgte Verschiebung des Phenyls erklärte Fischer[1]) durch die Höhe der Temperatur hervorgerufen, denn derselbe zeigte, dass fertiges Pr—3—Phenylindol bei der Temperatur der Chlorzinkschmelze quantitativ in Pr—2—Phenylindol übergeht.

2. nach Fischer.[2]) Es bilden Keton und Anilin ein Kondensationsprodukt

$$C_6H_5 - C\boxed{O} - CH_2 Br + \boxed{H H} N C_6 H_5$$

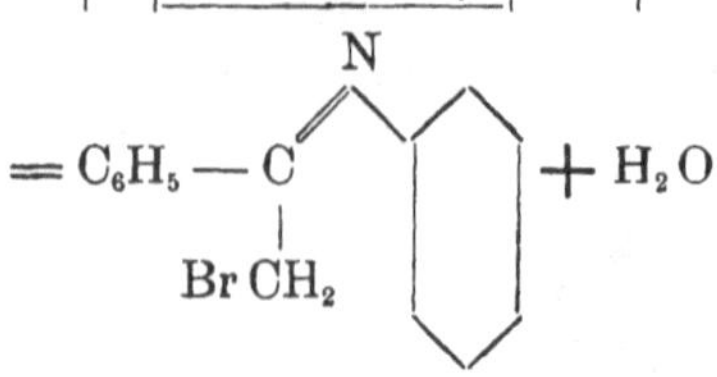

[1]) Ber. XXI, 1872. — [2]) Ber. XXI, 1076.

und aus diesem entsteht durch Bromwasserstoff-Abspaltung direkt das Phenylindol

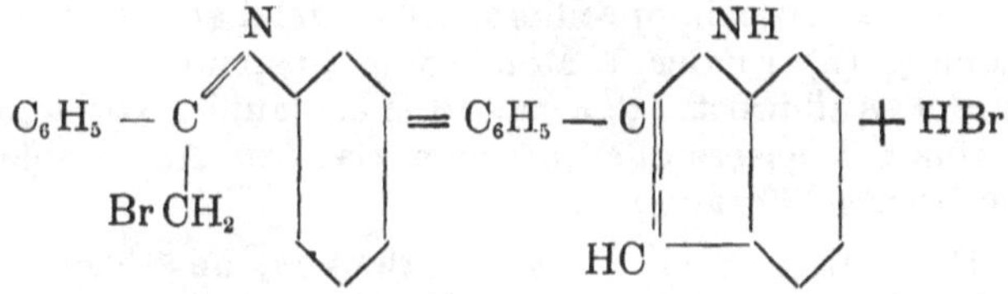

Wolff verallgemeinerte diese Reaktion für Verbindungen folgender Konstitution

$$\begin{array}{l} —CHBr\,(Cl)\,(OH) \\ \quad | \\ —CO \end{array},$$

so erhält man z. B. aus Anilin und Chloraceton α-Methylindol.

3. Bischler[1]) erklärt die Entstehung substituierter Indole durch Anlagerung und darauffolgende Abspaltung von Aminen. Es geht dann die Einwirkung des Anilins auf Phenacylanilid folgendermassen vor sich:

1) $C_6H_5CO—CH_2—NHC_6H_5 + H_2NC_6H_5 = C_6H_5—C{=}CH—NHC_6H_5$ (mit HNC_6H_5 am C) $+ H_2O$

2) 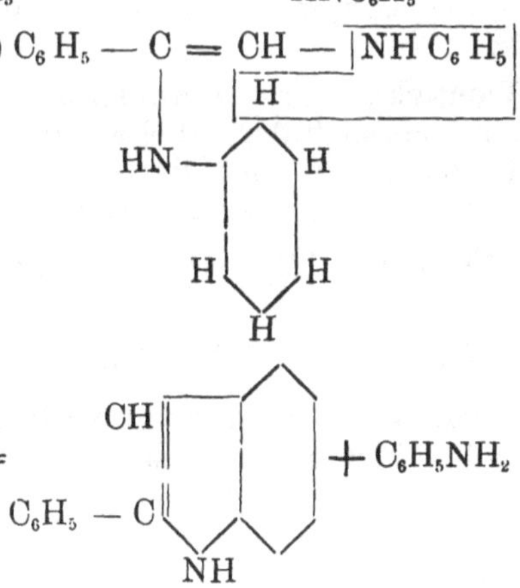

[1]) Ber. XXV, 2863.

Nach Gleichung (1) bildet das zum Kochen dienende Anilin mit dem Phenacylanilid unter Austritt von H_2O ein zweites Zwischenprodukt, aus welchem sich nach Gleichung (2) wieder 1 Mol. Anilin abspaltet, und zwar tritt der Anilinrest, der im Phenacylanilid vorhanden, mit einem Wasserstoffatom vom zweiten Anilinmolekül unter Ringschliessung aus.

Die Reaktion (1) ist so zu denken, dass das Amin auf den Sauerstoff der Phenacylgruppe in seiner tautomeren Form, als Hydroxyl, unter Bildung von H_2O einwirkt:

$$C_6H_5CO \, . \, CH_2NHC_6H_5 = C_6H_5-\underset{\displaystyle OH}{\underset{|}{C}}=CH-NHC_6H_5$$

$$C_6H_5 \, . \, \underset{\displaystyle OH}{\underset{|}{C}}=CH-NHC_6H_5 = C_6H_5-\underset{\displaystyle HNC_6H_5}{\underset{|}{C}}=CH-NHC_6H_5 + H_2O$$

$$+ H_2NC_6H_5$$

Diese Auffassung wird dadurch bestärkt, dass Collet[1]) beim Kochen von 1[2]—Anilinopropylonphen CH_3—CH (NH C_6H_5) — CO . C_6H_5 mit Anilin 3—Methyl —2—Phenylindol erhielt.

Von Wichtigkeit für die Konstitution substituierter Indole ist ein Vergleich der Arbeiten von Trenkler[2]) und Collet.[3]) Das von Collet angeführte Indolderivat ist dem Anisylmethylindol ganz analog zusammengesetzt.

Beim Erhitzen von Methylbenzylketonphenylhydrazon

$$CH_3 \, . \, C\,(N_2H \, . \, C_6H_5) \, . \, CH_2 - C_6H_5$$

mit starker alkoholischer Salzsäure bei Wasserbadtemperatur erhielt Trenkler Pr — 2 — Methyl — 3 — Phenylindol

---

[1]) Bl [3] 17,74.

[2]) Ann. 248 110.

[3]) Bl. [3] 17,74.

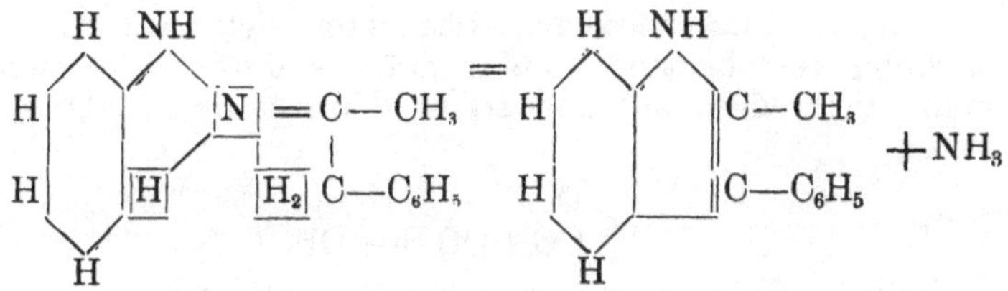

Bei allmählichem Eintragen von 1^2—Brompropylonphen CH_3—CHBr—CO—C_6H_5 in erhitztes Anilin gewann Collet 3—Methyl—2—Phenylindol

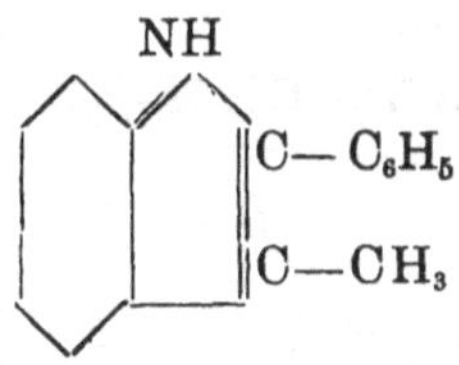

Eigentlich hätte man das Trenkler'sche Pr—2—Methyl—3—Phenylindol erwarten sollen, indem die Reaktion folgendermassen vor sich geht:

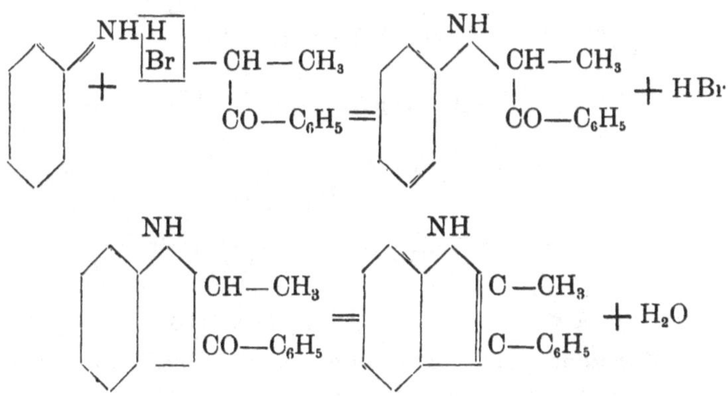

Man muss daher hier eine molekulare Umlagerung zu Hilfe nehmen, hervorgerufen durch die Höhe der Temperatur, oder die Reaktion von Bischler.

Meine Untersuchungen erstreckten sich auf die Einwirkung verschiedener Amine auf das Keton, das sich vom Anetholdibromid ableitet, d. h. auf Anisylbromäthylketon

$$C_6H_4<^{OCH_3}_{CO-CH\,Br-CH_3}$$

Dieses Keton wurde nach dem Verfahren von Wallach und Pond[1]) und Hell und Hollenberg[2]) durch Einwirkung von Natriumäthylat auf Anetboldibromid und darauffolgende Bromierung dargestellt, eine Reaktion, deren Verlauf durch folgende Formeln dargestellt werden kann:

$$\text{I.}\quad C_6H_4<^{OCH_3}_{CHBr-CH\,Br-CH_3} + NaOC_2H_5$$

$$= C_6H_4<^{OCH_3}_{C\,Br=CH-CH_3} + C_2H_5OH + Na\,Br$$

$$\text{II.}\quad C_6H_4<^{OCH_3}_{C\,Br=CH-CH_3} + Na\,OC_3\,H_5$$

$$= C_4H_4<^{OCH_3}_{C(OC_2H_5)=CH-CH_3} + Na\,Br$$

$$\text{III.}\quad C_6H_4<^{CCH_3}_{C\,(O\,C_2H_5)=CH-CH_3} + H_2O$$

$$= C_6H_4<^{OCH_3}_{CO-CH_2-CH_3} + C_2H_5OH$$

$$\text{IV.}\quad C_6H_4<^{OCH_3}_{CO-CH_2-CH_3} + Br_2$$

$$= C_6H_4<^{OCH_3}_{CO-CH\,Br-CH_3} + HBr$$

Anisyl-bromäthyl-keton.

Versuche zur Darstellung eines Einwirkungsproduktes von Anilin auf dieses Keton waren schon von Günthert angestellt worden, doch erhielt er eine dunkle,

[1]) Ber. XXVIII, 2715.
[2]) Ber. XXIX, 687.

harzige Masse, welche nicht in eine zur Untersuchung brauchbare Form übergeführt werden konnte. Es gelang mir, durch Erhitzen der beiden Komponenten im Einschmelzrohr auf 120° ein solches Einwirkungsprodukt zu erhalten.

Gemäss den oben beschriebenen Untersuchungen von Fischer und Wolff fasste ich den erhaltenen Körper als Indolderivat auf, doch sind hier 2 Fälle zu unterscheiden:

1. der Anilinrest greift in die Carbonylgruppe ein; der Körper wäre dann 2—Anisyl—3—Methylindol

(I.) 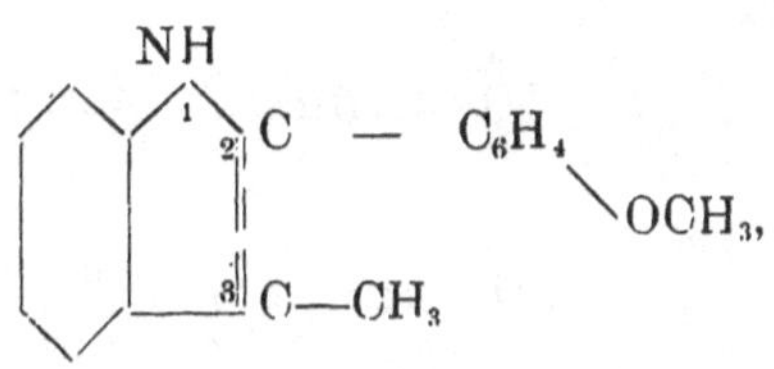

indem der Gang der Reaktion folgendermassen zu erklären wäre:

$R = C_6H_3 < OCH_3$

$R - CO - CH\,Br - CH_3 + H_2N\,C_6H_5 =$

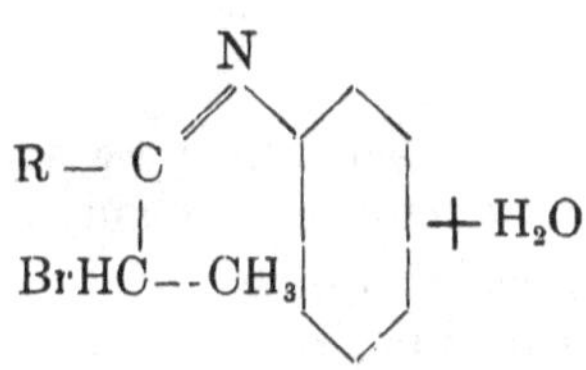

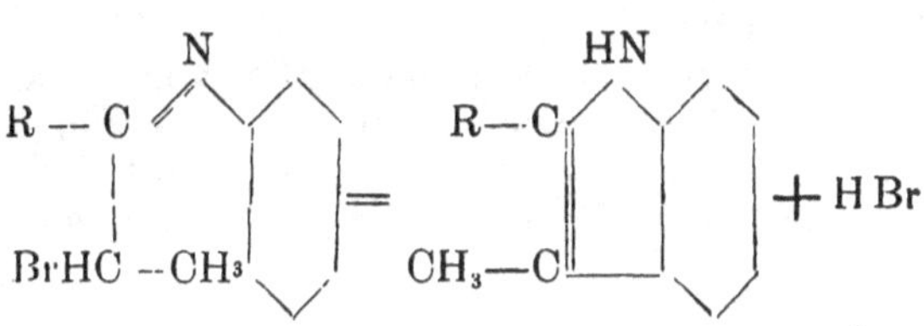

2. der Anilinrest greift an dem Halogen an; man erhält dann für das Reaktionsprodukt folgende Konstitution

(II.) 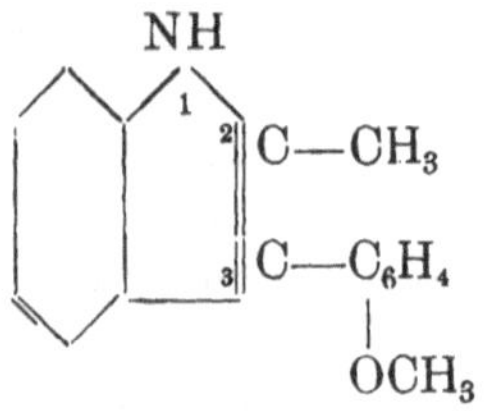

2—Methyl—3—Anisylindol,

denn

$$R—CO—CHBr—CH_3 + H_2NC_6H_5 =$$

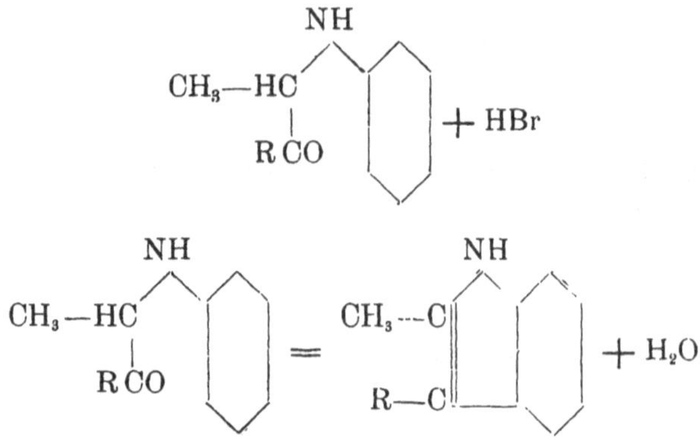

Was nun die Entscheidung zwischen Formel I und II betrifft, so ist folgendes zu bemerken:

1. Für Formel II spricht der Umstand, dass der Anilinrest eher am Halogen angreifen wird, als an der Carbonylgruppe.

2. Für Formel I dagegen: Die von Ince[1]) und Fischer beobachteten Umlagerungen; die von Bischler gegebene Auffassung des Reaktionsverlaufs; die Analogie mit dem von Collet beschriebenen Indolderivat.

---

[1]) Ann. 253, 35.

Gemäss diesen Betrachtungen darf man das erhaltene Indolderivat wohl als Pr—2—Anisyl—3—Methylindol

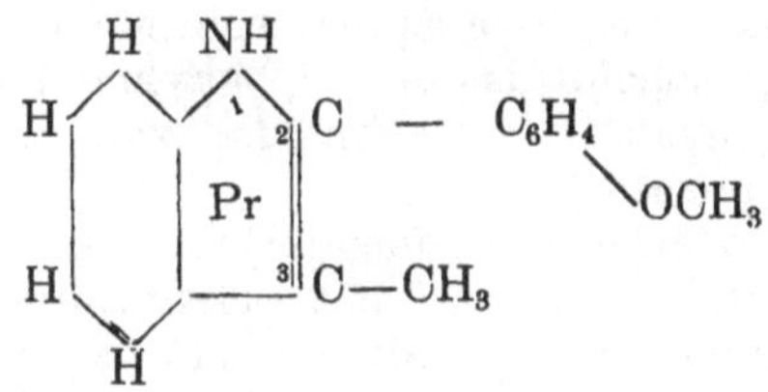

auffassen. Es muss dagegen unentschieden bleiben, ob der Körper durch molekulare Umlagerung zwischen Anisyl und Methyl oder durch Anlagerung und darauffolgende Abspaltung eines Anilinrestes entstanden ist.

Eine Acetylverbindung des Pr—2—Anisyl—3—Methylindols herzustellen, gelang nicht. — Bei der Acetylierung des Indols und seiner Derivate tritt der Acetylrest meistens an ein C-atom und nicht an Stickstoff. β-Acetylindol und β-n-Diacetylindol stellte v. Baeyer[1]) durch Behandeln von Indol mit Essigsäureanhydrid her. Ein n-Acetylindol erhielten Zatti und Ferratini[2]), während das 1—Acetyl—2—Methylindol von Magnanini[3]) in kleiner Menge aus 2—Methylindol, Essigsäureanhydrid und Natriumacetat gewonnen wurde. Doch hatten alle diese n-Acetylderivate an den C-atomen noch ersetzbare Wasserstoff-Atome; ein n-Acetylderivat eines Indols, das an den beiden C-Atomen keine ersetzbaren H-Atome mehr hat, z. B.

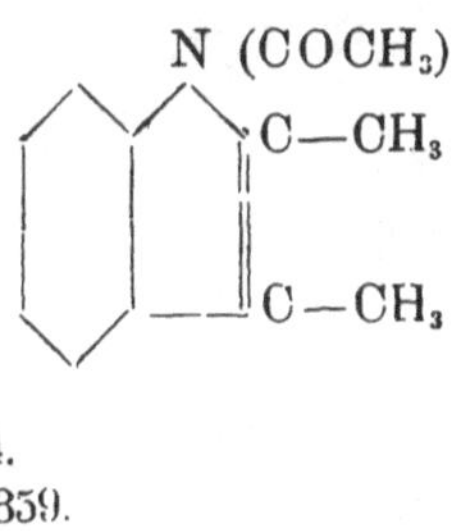

---

[1]) Ber. XII, 1314.
[2]) Ber. XXIII, 1359.
[3]) Ber. XXI, 1936.

wie dies beim Anisyl-Methylindol der Fall ist, fand ich in der Litteratur nicht, dagegen folgende Versuche zur Darstellung derartiger Produkte.

Bischler und Firemann[1]) schreiben: „Eine Acetylverbindung scheint das α-β-Diphenylindol nicht bilden zu können; jedenfalls verliefen die von uns angestellten Versuche negativ".

Ebenso erhielt Lachowicz[2]) bei der Behandlung von disubstituirten Indolen mit Essigsäureanhydrid und und Acetylchlorid nur „dunkelgefärbte, schmierige Produkte, aus denen keine krystallinische Verbindung ausgeschieden werden konnte". — Es scheint also, dass die Acetxlierung des N-Atomes um so schwieriger gelingt, je mehr H-Atome des Pyrrolrings substituirt sind.

Eine mit dem Indolderivat vorgenommene Oxydation mit $KMnO_4$ lieferte 2 Säuren. von denen eine Anissäure war, so dass also eine Spaltung des Atomkomplexes eingetreten war. Die mit der anderen Säure ausgeführten Analysen gaben Resultate, welche darauf hinwiesen, dass der Säure fremde Körper, wahrscheinlich Anissäure, beigemengt waren. Bei der Behandlung mit verd. Salzsäure wurde die Säure in Phenol, Kohle und Gase gespalten, so dass ich über ihre Konstitution nichts aussagen kann.

Bei der Behandlung des Anisylbromäthylketons mit o-Toluidin, p-Toluidin und α-Naphtylamin wurden ähnliche Produkte erhalten, wie mit Anilin, deren Konstitution dann folgende ist:

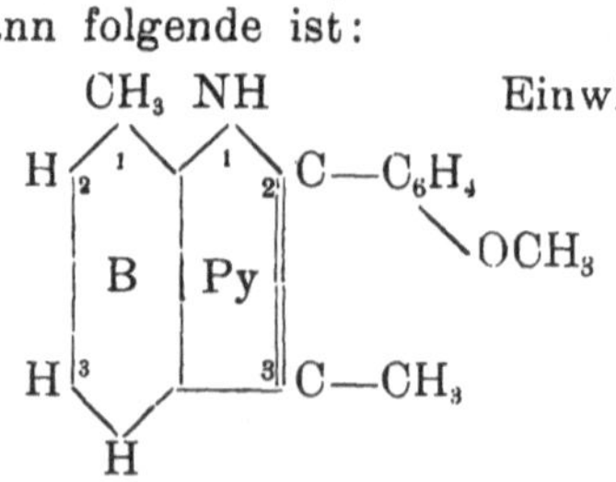

Einwirkungsprodukt mit: o-Toluidin

B—1—Methyl—Py—2—Anisyl—3—Methylindol

[1]) Ber. XXVI, 1342.
[2]) M. 14, 282.

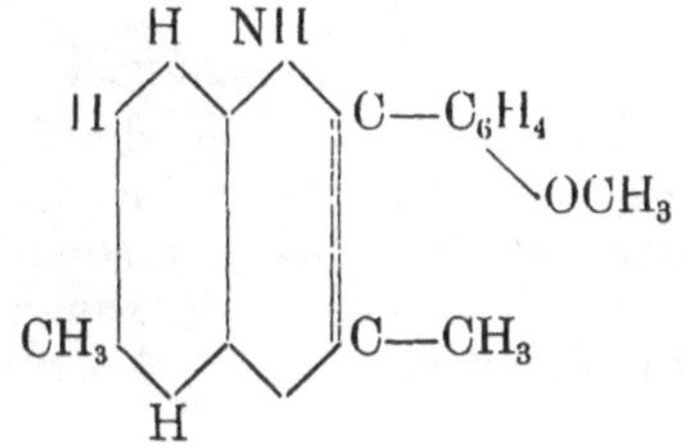

p-Toluidin

B—3—Methyl—Py—2—Anisyl—3—Methylindol

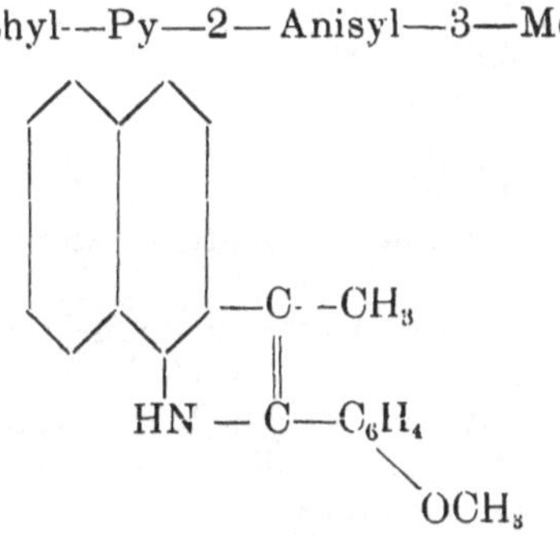

α-Naphtylamin

Py—2—Anisyl—3—Methyl—Naphtindol.

Experimenteller Teil.

Darstellung des Anetholdibromids und seines Ketones.

Anetholdibromid wurde nach dem Verfahren von Hell und Günthert durch Einwirkung von Brom auf Anethol erhalten.

Das Keton wurde zuerst nach der Vorschrift von Hell und Günthert[1]) durch Oxydation des Dibromids mit Chromsäure darzustellen versucht. Doch war die Ausbeute eine geringe, indem sich zum grossen Teile Monobromanisyl-bromäthylketon bildete. Es ist dies wohl darauf zurückzuführen, dass das bei der Oxydation in

[1]) Ann. 52, 205.

ziemlicher Menge freiwerdende Brom von dem Dibromid aufgenommen und aus dem entstandenen Tribromid das Keton gebildet wird. Auch der Versuch, die Oxydation in der Weise auszuführen, dass das Bromid in das Chromsäuregemisch eingetragen wurde. welches auf dem Wasserbade warm gehalten wurde, damit das freigewordene Brom sich sofort verflüchtigen konnte, ergab kein brauchbares Resultat.

Beim Absaugen des Anisyl-bromäthyl-ketons erhielt ich als Filtrat ein hellgelbes Oel; versetzte ich dasselbe mit Alkohol, so schieden sich Krystalle ab, welche abgesaugt und mit wenig Alkohol nachgewaschen, aus Alkohol in weissen Nadeln vom Sm. P. 98° krystallisierten; es war dies also ebenfalls Monobromanisylbromäthylketon.

Ich stellte daher das Keton nach dem von Wallach und Pond[1]) und etwas später von Hell und Hollenberg[2]) beschriebenen Verfahren, durch Einwirkung von Natriumäthylat auf das Dibromid und darauffolgendes Bromieren her; ein Verfahren, das eine befriedigende Ausbeute lieferte.

Einwirkung von Anilin auf Anisyl-Bromäthyl-Keton.

Schon Günthert hatte Versuche darüber angestellt, doch war es ihm nicht gelungen, ein brauchbares Resultat zu erzielen, denn er erhielt stets eine harzige Masse, welche allen Krystallisationsversuchen widerstand.

Ich erhitzte nun 1 Mol. Keton mit 2 Mol. Anilin in alkoholischer Lösung am Rückflusskühler 8 Stunden lang, hierauf wurde der Alkohol abdestilliert; der Rückstand bestand aus einem rot gefärbten Oel, welches nach kurzer Zeit erstarrte. Diese Masse wurde mit verdünnter Salzsäure und Wasser behandelt, um freies Anilin in salzsaures Anilin überzuführen, welches sich dann im Wasser löste. Die überstehende salzsaure Flüssigkeit wurde abgegossen und der deutlich krystallinische,

---

[1]) Ber. XXVIII, 2715.

[2]) Ber. XXIX, 687.

braungefärbte Körper mit H_2O ausgewaschen, tüchtig abgesaugt und aus Alkohol umkrystallisiert. Da die Ausbeute eine geringe war, versuchte ich den Körper auf folgendem Wege darzustellen:

1 Mol. Keton und 2 Mol. Anilin in alkoholischer Lösung wurden 5 Stunden (aus späteren Versuchen ergab sich, dass auch 3 Stunden genügen) im Einschmelzrohr auf 120° erhitzt. Als die Röhre aus dem Ofen genommen wurde, hatte sich eine reine, weisse, in schimmernden Blättchen krystallisierende Masse abgeschieden, welche abgesaugt, mit verdünnter Salzsäure und Wasser gekocht, nochmals abgesaugt und aus Alkohol umkrystallisiert wurde. Bei der Probe auf Halogen mit der Kupferoxydperle gab der Körper keine Reaktion mehr. Die Verbindung krystallisiert aus Alkohol in schönen, grossen, perlmutterglänzenden Blättern vom Schmelzpunkte 123°, aus Pethroläther, in dem sie sich schwer löst, in büschelförmig angeordneten feinen Nadeln; in Aether ist sie leicht löslich.

Die Elementaranalyse ergab folgende Zahlen:

0,1586 gr Subst. gaben 0,4690 gr CO_2 und 0,0919 gr H_2O
0,1767 gr „ „ bei 17° und 742mm 9,2 ccm N

	Berechnet für $C_{16}H_{15}NO$	Gefunden
C	81,01	80,70
H	6,32	6,36
N	5,90	5,93

0,0939 gr Subst. gaben 0,2789 gr CO_2 und 0,0549 gr H_2O
0,2456 gr „ „ bei 18,5° C und 736mm 13,1 ccm N

C	81,01	80,93
H	6,32	6,49
N	5,90	5,90

Obige Methode (im Einschmelzrohr) liefert einen sehr gut krystallisierenden, leicht zu reinigenden Körper in guter Ausbeute.

Einwirkung von o-Toluidin auf Anisyl-Bromäthyl Keton.

Es wurden am Rückflusskühler 1 Mol. Keton und 2 Mol. o—Toluidin in alkoholischer Lösung 8 Stunden lang erhitzt, doch auch hier erhielt ich kein gutes Resultat. Erhitzte man dagegen die Mischung im Einschmelzrohr 3 Stunden auf 120°, so schied sich beim Erkalten ein krystallinischer, weisser Körper ab. Der Krystallbrei wurde von der Mutterlauge abgesaugt und mit wenig Alkohol nachgewaschen, wodurch man ein ganz weisses Produkt erhielt, das mit verd. HCl und H_2O behandelt wurde. Aus Alkohol umkrystallisiert schied es sich in feinen weissen Nadeln vom Sm. P. 127° ab.

0,1024 gr Subst. gaben 0,4911 gr CO_2 und 0,1652 gr H_2O
0,1874 gr „ „ bei 16° und 743^mm^ 9,7 ccm N

Berechnet für $C_{17}H_{17}NO$		Gefunden
C	81,27	81,05
H	6,77	6,83
N	5,57	5,89

Diese Zahlen entsprechen der Formel

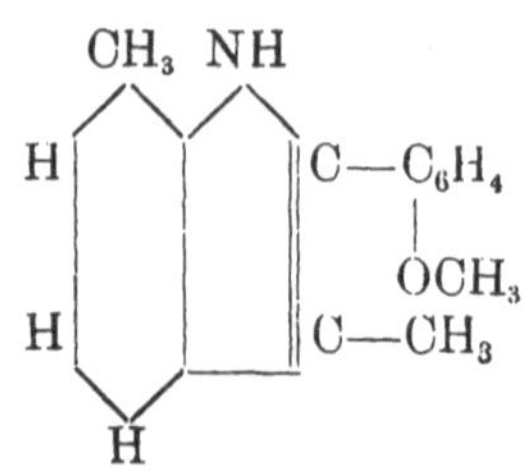

Einwirkung von p-Toluidin und α-Naphtylamin auf Anisyl-bromäthyl-keton.

Ebenfalls im Einschmelzrohr wurden je 1 Mol. Keton mit 2 Mol. p—Toluidin resp. α—Naphtylamin zur Einwirkung gebracht.

Das p—Toluidin—Einwirkungsprodukt war, aus Alkohol umkrystallisiert, ein in Blättchen krystallisierender Körper vom Sm. P. 134°.

Derselbe ist in Chloroform und Aether leicht löslich, in Petroläther schwierig, in Alkohol mässig.

Die Analyse ergiebt folgendes:

0,1739 gr Subst. lieferten 0,5176 gr CO_2 u. 0,1069 gr H_2O

0,1760 gr „ „ bei 15,2° und 755^{mm} 8,6 ccm N

Berechnet für $C_{17}H_{17}NO$		Gefunden
C	81,27	81,13
H	6,77	6,84
N	5,57	5,74

Die Formel wäre also:

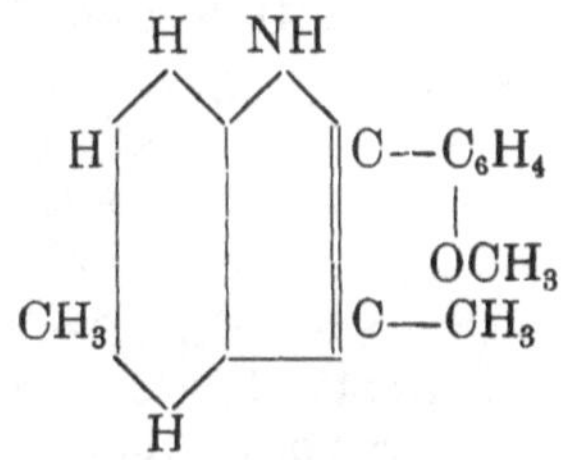

Ebenso verlief die Einwirkung des α—Naphtylamins, nur schied sich das Produkt schwierig aus der alkoholischen Lösung ab. Doch erhält man die Verbindung in reinen, kleinen Nadeln, welche zu flockigen Komplexen zusammentreten und, abgesaugt, das Aussehen von zerfasertem Filtrierpapier besitzen, wenn man dieselbe aus Schwefelkohlenstoff umkrystallisiert. Die Verbindung schmilzt bei 210°, ist in Chloroform und Aether sehr leicht, in Petroläther schwer löslich.

Versuche zur Darstellung der Acetyl-Verbindung.

1. Es wurden 10 gr der Anilinverbindung mit Essigsäureanhydrid 8 Stunden lang am Rückflusskühler erhitzt. Das Reaktionsgemisch wird in viel Wasser gegossen, wobei sich nach kurzer Zeit ein fester Körper abscheidet. Wird dieses Produkt in Alkohol gelöst, worin es leicht löslich ist, so fluoresziert die Lösung grün. Um den Körper zu reinigen, verfuhr ich folgendermassen: Man löst denselben in wenig Alkohol, versetzt die Lösung bis zur beginnenden Trübung mit H_2O und überlässt sie dann sich selbst, so scheidet sich nach einiger Zeit ein gelblich gefärbter, flockiger Körper ab,

welcher abgesaugt, mit Petroläther gewaschen und lufttrocken gemacht wird. Das erhaltene Produkt löst man nun in CS_2, es scheidet sich dann beim Verdunsten desselben ein Körper vom Sm. P. 122° ab. Doch war dies nicht eine Acetylverbindung, sondern das unveränderte Ausgangsmaterial, was die Zahlen der Analyse zeigten.

0,0939 gr Subst. gaben 0,2789 gr CO_2 und 0,0549 gr H_2O
0,2456 gr „ „ bei 18,5° und 736mm 13,1 ccm N

Berechnet	für $C_{18}H_{17}NO_2$	für $C_{16}H_{15}NO$	Gefunden
C	77,41	81,01	80,93
H	6,09	6,32	6,49
N	5,01	5,90	5,90

2. Es wurde das Einwirkungsprodukt des Ketons auf p—Toluidin mit Acetylchlorid in eine Glasröhre eingeschmolzen und 6 Stunden auf 130° erhitzt. Der Röhreninhalt war verkohlt und konnte nicht weiter verarbeitet werden.

3. Eine andere Portion wurde im Einschmelzrohr mit Essigsäureanhydrid 4 Stunden lang auf 100° erhitzt. Es fand keine Einwirkung statt.

4. Eine vierte Probe wurde mit Chlorzink und Actylchlorid wenig erwärmt; die Masse wurde sofort dunkelrot. Das überschüssige Acetylchlorid wird auf dem Wasserbade verjagt; das zurückbleibende schwarze Pulver war Kohle.

5. Das Einwirkungsprodukt des o—Toluidins auf das Keton wird mit Acetylchlorid übergossen, worauf es dunkelrot wird und sich zu einer dunkelroten Flüssigkeit löst.

Es wird dann einige Zeit am Rückflusskühler über kleiner russender Flamme erwärmt und, nachdem man das überschüssige Acetylchlorid auf dem Wasserbade hat verdunsten lassen, scheidet sich eine Krystallmasse ab, die, mit Alkohol nachgewaschen, weiss wird. In Alkohol mässig löslich, in Petroläther schwer. Die Analyse der aus Petroläther umkrystallisierten Substanz ergab folgende Zahlen:

0,0991 gr Subst. gaben 0,2965 gr CO_2 und 0,0675 gr H_2O

Berechnet für $C_{19}H_{19}O_2N$,	für $C_{17}H_{17}ON$	Gefunden
C 77,81	81,27	81,53
H 6 48	6,77	7,56

Auch aus dieser Analyse folgt, dass das erhaltene Produkt keine Acetylverbindung, sondern unverändertes Ausgangsmaterial war. Die etwas grössere Differenz der Analysenzahlen beruht darauf, dass durch das Acetylchlorid das Ausgangsmaterial verharzt wird, worauf auch der Schmelzpunktsunterschied (es schmilzt bei 124°, statt bei 127°) zurückzuführen ist.

Trotz dieser verschiedenen Versuche gelang es mir nicht, eine Acetylverbindung herzustellen.

Oxydation des Pr—2 Anisyl—3—Methylindols mit Kaliumpermanganat.

Man löst in 500 ccm H_2O 11 gr $KMnO_4$, dann braucht man zur Einführung $^1/_2$ O in 5 gr Indol 50 ccm; es wurden im ganzen 6 O aufgenommen. Nachdem Entfärbung eingetreten war, wurde von dem gebildeten Braunstein abfiltriert. In das Filtrat wurde Wasserdampf eingeleitet, um zu sehen, ob sich vielleicht ein mit Wasserdampf flüchtiger Körper gebildet hatte, doch ging das Destillat klar über und besass neutrale Reaktion. Beim Ansäuern des Filtrats mit verd. Schwefelsäure fiel ein dicker, gelb gefärbter Niederschlag aus; derselbe wurde abfiltriert, mehrfach mit kaltem Wasser gewaschen und getrocknet. Das Filtrat dieses Körpers wurde nochmals mit Wasserdampf destilliert, um zu sehen, ob noch eine flüchtige Säure übergeht (saure Reaktion des Destillats). Das Destillat war ganz schwach sauer, einige Tropfen Sodalösung machten es schon alkalisch.

Beim Eindampfen und langsamen Erkalten des Filtrates obigen Körpers schied sich in schönen, langen Nadeln ein weisser, organischer Körper ab, welcher ebenfalls saure Reaktion, wie der durch H_2SO_4 ausgefällte, zeigte. Beim Abdestillieren des Wassers ging gegen Ende ein weisser flockiger Körper von angenehm blumenartigem Geruche über, welcher wahrscheinlich dadurch entstand, dass die überschüssige verd. H_2SO_4 durch das

Eindampfen konzentriert wurde und nun die konzentrierte $H_2 SO_4$ auf die Säure II weiter oxydierend wirkte. Die zuerst ausgefällte Säure (Säure I) ist in H_2O sehr schwer löslich, ebenso im Petroläther, in Eisessig mässig, in Alkohol und Aether leicht. Doch können diese Lösungsmittel nicht zur Reinigung verwendet werden, da die Säure entweder zu schwer löslich oder sich schwierig aus dem Lösungsmittel abscheidet. Die Säure konnte ich nur durch Auswaschen mit H_2O von Säure II trennen, was aber den Analysenresultaten nach, nicht vollständig gelang. Säure I sublimiert in langen, weissen, feinen Nadeln, ein Verfahren, mit dem man den Körper hätte ganz rein erhalten können, doch hatte ich nicht mehr genug Material, um diesen Weg, als ich ihn gefunden hatte, einzuschlagen. — Sm. P. ca. 228°. — Säure II krystallisiert aus H_2O in feinen, weissen Nadeln vom Sm. P. 185°. Bei der Untersuchung auf Stickstoff mittelst der Berlinerblau-Reaktion zeigte es sich, dass Säure I Stickstoff enthalte, somit konnte nur Säure II Anissäure sein, auf welche auch der Schmelzpunkt hindeutet. Die Analyse ergab folgendes:

I. 0,1579 gr Subst. gaben 0,3659 gr CO_2 und 0,0813 gr H_2O

Berechnet für $C_8H_8O_3$		Gefunden
C	63,1	63,20
H	5,26	5,69

II. 0,1043 gr Subst. gaben 0,2411 gr CO_2 und 0,0512 gr H_2O

C	63,1	63,08
H	5,26	5,56

Die Zahlen entsprechen somit der Formel

$$C_6H_4<{OCH_3 \atop COOH}$$

d. h. bei der Oxydation des Pr—2—Anisyl—3—Methylindols mit $KMnO_4$ wurde der Indolring in 2 Säuren gespalten, von denen die eine Anissäure war.

Von der Anissäure wurde auch das Ammoniumsalz hergestellt. Die Säure wurde in NH_3 gelöst und krystallisierte beim Erkalten in 4—5 cm langen Krystallen aus. Die Analyse lieferte 17,0% NH_4, die Theorie fordert 16,4% NH_4.

Um Aufschluss über die Konstitution von Säure I zu erhalten, wurde folgender Versuch mit derselben vorgenommen.

Einwirkung von verd. Salzsäure auf Säure I.

Man erhitzt die Säure mit verd. HCl 2 Stunden lang im Einschmelzrohr auf 170°, wodurch dieselbe zersetzt wird. Es scheidet sich in der klaren, fast farblosen Flüssigkeit Kohle ab; beim Oeffnen des Rohres war Druck bemerkbar. Die Kohle wurde abfiltriert, das Filtrat mit Aether aufgenommen, derselbe abdestilliert; es blieb ein braungefärbtes Oel zurück, welches nach kurzer Zeit im Exsiccator in langen Nadeln erstarrte. Dasselbe besass den charakteristischen Geruch des Phenols und brannte auf der Haut; mit Eisenchlorid gab es eine violette Färbung, ferner gab es die Phenolreaktion der Blaufärbung mittelst Chlorkalk, auch färbte es sich beim Stehen an der Luft rotbraun; die Krystalle, welche bei Handwärme schmolzen, deuteten ebenfalls auf Phenol. Aus allen diesen Reaktionen folgt, dass obiger Körper Phenol war. Die Zersetzung verlief so, dass sich Phenol, Kohle und Gase (wahrscheinlich CO_2) bildeten. 2 Analysen ergaben folgende Zahlen:

I. 0,1300 gr Subst. lieferten 0,3056 gr CO_2 u. 0,0742 gr H_2O
II. 0,1395 gr „ „ 0,3272 gr CO_2 u. 0,0777 gr H_2O

	I	II
C	64,08	63,9
H	6,3	6,16

0,1362 gr Subst. gaben bei 23° u. 737 mm 4,0 ccm N = 2,66%

Dieser geringe Stickstoffgehalt deutet darauf hin, dass die analysierte Säure nicht rein, sondern wahrscheinlich noch mit Anissäure vermischt war. Das Verfahren der Reinigung durch Sublimation beobachtete ich erst während der Verbrennung und hatte ich leider nicht mehr genug Material, um diesen Weg zu verfolgen.

Ueber polymere Modifikationen des Anethols.

Es giebt wenige Kohlenstoffverbindungen, von denen mehr polymere Modifikationen bekannt sind, als vom Anethol, aber klein ist auch die Zahl der Körper, deren Konstitution unentschiedener gelassen worden wäre. Bis jetzt liegen zur Aufklärung dieser Frage überhaupt keine Arbeiten vor, sogar das Molekulargewicht dieser Verbindungen ist unbekannt.*)

Warum diese interessante Körpergruppe bis jetzt unberührt blieb, mag auf der Schwierigkeit, sowohl der Herstellung, als auch des Arbeitens mit diesen meist nicht krystallisierenden Substanzen beruhen.

Es sind bis jetzt 5 Polymere bekannt, hiezu kommt noch ein neues; die Namen derselben sind:

Photoanethol
Anisoin
Metanethol
Flüssiges Metanethol
Isoanethol und als neues Isoanisoin.

Meine ersten Untersuchungen erstreckten sich über das Metanethol.

---

*) Anmerkung. Gegen das Ende vorigen Jahres ist in dem American Chemical Journal Vol. XIX. 1897, 845 eine diesbezügliche Arbeit erschienen.

Darstellung des Metanethols $(C_{10}H_{12}O)_2$.

Dasselbe wurde nach der von Perrenoud in den Ann. 187,63 angegebenen Methode hergestellt. Man mischt in einer Porzellanreibschale 1 Tl. Anethol mit $3^1/_2$ Tl. Chlorzink; diese Mischung wird in einen Kolben gegeben, der einerseits mit einem Dampfüberhitzer und einem Wasserkessel, andererseits mit einem Kühler und einer Woulff'schen Flasche, als Vorlage, verbunden ist. Erhitzt man den Retorteninhalt einige Minuten, so bilden sich in dem Kolben schwere. weisse Nebel, welche in die Vorlage überdestillieren. Nun beginnt man mit dem Einleiten des überhitzten Wasserdampfes, welcher das gebildete Metanethol vor weiterer Veränderung schützt, indem dasselbe in öligen Tropfen, die bald zu einer Krystallmasse erstarren, mit den heissen Wasserdämpfen überdestilliert. Bei diesem Prozess machte sich ein, auch schon von Perrenoud beobachteter, unangenehmer Geruch bemerkbar.

Die Krystalle, die sich in der Vorlage neben einem gelben oder braunem Oele gebildet haben, werden nun durch Absaugen vom Wasser getrennt. Zur Entfernung des Oeles wird die Krystallmasse mit Alkohol unter Zusatz von etwas Aether behandelt, wodurch man ein fast weiss aussehendes Produkt erhält. Zur weiteren Reinigung werden die Krystalle aus Eisessig umkrystallisiert, in welchem dieselben leicht löslich sind und woraus sie sich in dünnen langen Nadeln vom Sm. P. 133° abscheiden.

Der Rückstand in dem Kolben bestand aus einer verkohlten Masse, aus der man durch Ausziehen mit Nitrobenzol und Fällen mit Petroläther einen braunen flockigen Körper erhält.

Wird das bei der Destillation mit dem Metanethol übergehende Oel nochmals mit Chlorzink behandelt und destilliert, so geht es wieder als Oel über. Auf dieses sich als Nebenprodukt bildende Oel komme ich später noch einmal zurück. Häufig übertraf die Menge dieses Oeles die der Krystalle, manchmal sogar erhielt ich gar keine Krystalle, sondern alles, was überdestillierte, bestand aus dieser öligen Flüssigkeit. Ueberhaupt ist die Ausbeute an Metanethol keine besonders gute, und die beste, die ich erhielt, war: aus 100 gr Anethol 9,4 gr Metanethol.

Die Eigenschaften des Metanethols stimmen mit denen, schon von Perrenoud angegebenen überein. Leicht löslich in Benzol, Nitrobenzol und Eisessig, bildet das reine Metanethol „sehr dünne, bis mehrere Millimeter lange, seideartig glänzende Nadeln, die oft wie Asbest verfilzt, oft zu grossen Büscheln gruppiert sind".

Meine nächste Aufgabe war nun die Bestimmung des Molekulargewichtes des Metanethols.

Dieselbe wurde nach der Beckmann'schen Gefrierpunktsmethode mit dem bei 133° schmelzenden Metanethol in Nitrobenzol und Benzol ausgeführt.

Lösungsmittel	gr. Subst.	gr. Lösungsm.	beob.Depr.	Mol.Gew.
Benzol	0,0789	16,1265	0,08	299
Benzol	0,0983	16,4277	0,100	293
Benzol	0,2000	16,4277	0,220	277
Nitrobenzol	0,1160	20,8838	0,142	274

Die Theorie würde für ein bimolekulares Anethol 296 beanspruchen, folglich zeigen obige Versuche, dass Metanethol zweifach molekular ist.*)

Um zu entscheiden, ob das Metanethol als gesättigte oder ungesättigte Verbindung zu betrachten ist, nahm ich mit demselben einen

Bromierungsversuch

vor. Wird Metanethol mit Bromwasser übergossen, so wird letzteres unter Schwarzfärbung des Metanethols allmählich entfärbt; setzt man zu, in Aether gelöstem, Metanethol Brom, so wird dasselbe nicht entfärbt. Um daher zu einem geeigneten Bromprodukt zu gelangen, wurde eine chloroformische Lösung von $^1/_2$ gr. Metanethol gewählt. Dieselbe wird mit 0,4 ccm Brom tropfenweise unter kräftigem Umschütteln versetzt; es tritt eine heftige Bromwasserstoffentwicklung und langsame

*) Dieses Ergebnis stimmt mit dem in dem Americ. Chem. Journal Vol. XIX 1897, 845 angeführten überein.

Entfärbung des Broms ein. Wenn alles Brom zugegeben ist, lässt man das Chloroform verdunsten, wobei ein gelbes, dickes Oel zurückbleibt, das im Exsiccator erstarrt. Das Produkt ist in Aether, Eisessig, Chloroform leicht, in Petroläther und Benzol mässig, in Alkohol schwer löslich. Nur aus Chloroform scheidet sich der Körper krystallinisch ab, aber erst nach dem Verdunsten desselben. Man erhält dieses Bromprodukt als gelbes Pulver, wenn man die alkoholische Lösung desselben in Wasser giesst; doch konnte es nicht analysiert werden, da es nicht rein genug war.

Kaliumpermanganat wurde nicht entfärbt, deshalb ist das Metanethol eine gesättigte Verbindung.

Behandlung des Metanethols mit Salzsäuregas unter Druck.

Metanethol wurde im Einschmelzrohr mit Eisessig, der mit Salzsäuregas gesättigt war, auf 180° 3 Stunden lang erhitzt. Beim Herausnehmen aus dem Ofen zeigte sich in der Röhre eine dunkelbraune Flüssigkeit, aus welcher sich beim Stehen über Nacht Krystalle absetzten.

1. Dieselben wurden abfiltriert, mit wenig Eisessig nachgewaschen und aus Eisessig umkrystallisiert. Sm. P. 132°, deshalb ist es unverändertes Metanethol.

2. Das Filtrat dieser Krystalle wird mit Wasser ausgefüllt; man erhält dunkelbraune Flocken, welche ebenfalls abgesaugt wurden; aus Eisessig umkrystallisiert, erwiesen sie sich infolge ihres Schmelzpunktes von 132° als Metanethol.

Bei einem zweiten Versuche, bei welchem das Erhitzen 4 Stunden fortgesetzt wurde, schieden sich beim Stehen der Lösung lange, weisse Nadeln ab, welche aus Eisessig umkrystallisiert, den Sm. P. 141—145° zeigten (es würde dies dem Sm. P. des Anisoins 141—150° entsprechen). Das Filtrat wurde mit Aether extrahiert und gab beim Verdunsten desselben eine rotbraune, klebrige Masse in sehr geringer Menge, welche Phenolgeruch besass, in Na_2CO_3 unlöslich, sich dagegen in $NaOH$ löste.

Da ich auf diesem Wege nicht zum gewünschten Ziele kam, versuchte ich, eine Säure zu erhalten, aus deren Konstitution man auf die des Metanethols einen entsprechenden Rückschluss ziehen kann.

Oxydationsversuch mit verd. Salpetersäure.

Man erhitzt Metanethol mit einem reichlichen Ueberschuss von verd. Salpetersäure (1 : 3) 8—10 Stunden lang auf einem Asbestteller. Das Ende der Reaktion erkennt man an dem Verschwinden der ölförmigen Substanz, in die sich das Metanethol verwandelt hat und die auf der Salpetersäure schwimmt. Von dem Nichtgelösten wird abfiltriert; aus dem Filtrat scheidet sich nach einiger Zeit ein hellgelbes Pulver ab, welches man absaugt und mit Wasser auswäscht. Man stellt sich dann eine konzentrierte Lösung dieses Körpers in Alkohol dar, giesst dieselbe kalt in verd. Sodalösung, wobei sich gelbe Flocken abscheiden (wahrscheinlich ein Nitroprodukt). Dieselben werden abfiltriert, und in das klare Filtrat giesst man allmählich unter Umrühren verd. Salzsäure, bis sich bei weiterem Zusatze derselben nichts mehr abscheidet. Man lässt dann absitzen, filtriert, wäscht mit Wasser nach und behandelt den Rückstand mit wenig Aether (in der Kälte) zur Entfernung einer die Säure verunreinigenden braunroten Schmiere. Hierauf wird abgesaugt und aus verd. Alkohol unter Zusatz von Tierkohle umkrystallisiert, letzteres wiederholt man ohne Tierkohle und erhält dann die Säure beim Erkalten der Lösung in weissen, kleinen Nadeln vom Sm. P. 203°.

Je nach den Nebenumständen beim Krystallisationsprozess erhält man die Säure in verschiedenen Krystallformen:

1. in kleinen Nadeln und in kreisförmig angeordneten Aggregaten derselben
2. in garbenförmig gruppierten dicken Krystallen
3. in feinen, sichelförmig gebogenen, an den Rändern gezahnten bis 2 cm langen Krystallen.

Die Säure gab keine Berlinerblaureaktion und enthält deshalb keinen Stickstoff. In Wasser ist die Säure kaum löslich, dagegen leicht in Alkohol, Eisessig, Chloroform und Aceton, mässig in Benzol, unlöslich in Ligroin.

Analyse der Säure.

0,1421 gr Substanz lieferten 0,3422 gr CO_2 u. 0,0655 gr H_2O

Dies entspricht: 65,67% C
5,07% H
29,26% O

Berechnet für $C_9H_8O_3$
65,8% C
4,8% H
29,2% O

Die Molekulargewichtsbestimmung wurde in Eisessig ausgeführt.

gr. Subst.	gr. Lösungsm.	beob. Depr.	Mol. Gew.
0,1343	20,4740	0,09	284

Theoretisch verlangt ein bimolekularer Körper von der empirischen Zusammensetzung $C_9H_8O_3$ (= 164) das Molekulargewicht 328; deshalb ist obige Säure wahrscheinlich bimolekular.

Mit Diazobenzolsulfosäure kuppelt dieselbe nicht. Zieht man noch in Betracht, dass das Metanethol und die Säure gesättigte Verbindungen sind, während Anethol eine ungesättigte ist, ferner den grossen Widerstand des Metanethols gegen chemische Reagentien, so ist es wahrscheinlich, dass das Metanethol ein Derivat des Tetramethylens ist und demselben vielleicht folgende Formel zukommt oder eine ähnliche

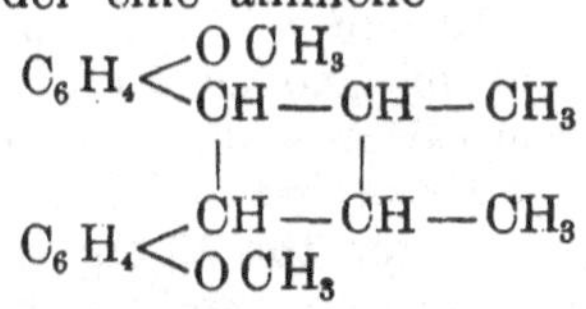

Untersuchung der bei der Darstellung des Metanethols erhaltenen öligen Nebenprodukte.

Ich nahm diesen Versuch vor, in der Hoffnung, aus dem in grosser Menge erhaltenen Oele ein bei konstanter Temperatur siedendes Produkt isolieren zu können.

Das dunkelbraune Oel wurde von dem mit ihm übergegangenen Wasser durch Ausschütteln mit Aether getrennt. Die ätherische Lösung wurde über Chlorcalcium getrocknet und der Aether abdestilliert. Hierauf wurde das Oel im Scheidetrichter mit Natronlauge ausgeschüttelt und unter Zusatz von Aether getrennt. Aus der Natronlauge fiel auf Zusatz von verd. H Cl ein brauner Körper aus, der infolge seiner Unlöslichkeit in Na_2CO_3 ein Phenol zu sein schien. Das gut getrocknete Oel wurde einer Vacuumdestillation unterworfen, doch ging nichts konstant über. Beim Versetzen des Oeles mit Kaliumpermanganat entfärbte es grosse Mengen desselben.

Darstellung des Isoanisoins $(C_{10}H_{12}O)_3$
Sm. P. 214°.

Beim Schütteln von Anisöl mit kleinen Quantitäten conc. H_2SO_4 oder H_3PO_4[1]; bei der Einwirkung von $SbCl_3$ oder $SnCl_4$[2]; einer Lösung von Jod in Jodkalium[3]) oder Benzoylchlorid[4]) auf Anethol soll man kleine, aus Aether krystallisierende Nadeln vom Sm. P. 140—150° erhalten.

Ich versuchte dieses Polymere, welches Anisoin genannt wurde, nach 2 Methoden (mit Jod und mit Antimontrichlorid) herzustellen, doch erhielt ich in keinem Falle ein bei 140—150°, sondern bei 214° schmelzendes Produkt, das mit keinem der bisher beschriebenen Polymeren identisch war.

Die Behandlung des Anethols mit Jod war folgende:

Man stellt sich eine gesättigte Jodkaliumlösung her, versetzt dieselbe mit soviel Jod, als sie aufzunehmen vermag. In diese Lösung, die nur in geringer Menge zu verwenden ist, da das Jod lediglich als Kontak substanz wirkt, lässt man unter tüchtigem Umschütteln tropfenweise Anethol zufliessen, wobei sich das Gemenge erheblich erwärmt. Nach kurzer Zeit erstarrt das Ganze zu einem gallertartigen Magma, das, wenn man es über Nacht stehen lässt, eine harte, amorphe Masse bildet, die sich in der Reibschale zerstossen lässt. Behandelt man dieses Produkt mit Alkohol, wobei es sich in einen flockigen, gelben Körper umwandelt, der sich zu Boden

[1]) Cahours A. 41, 63.
[2]) Gerhardt I. pr. 36, 267.
[3]) Rhodius A. 65, 230.
[4]) Uelsmann I. pr. 77, 490.

setzt, filtriert ab, löst das erhaltene Pulver in Aether auf und fällt aus der Lösung den Körper mit Alkohol wieder aus, so scheidet sich derselbe in weissen Flocken ab. Die Ausbeute ist eine gute. Behufs weiterer Reinigung wird das Isoanisoin in kleinen Portionen in viel Eisessig gelöst (schwer löslich), im Heisswassertrichter filtriert; beim Erkalten scheidet es sich in rein weissen Flocken ab; nach dem Absaugen wäscht man mit Eisessig und Alkohol nach. Sm. P. 214°. Statt des Eisessigs kann man zur Reinigung auch Amylalkohol benützen.

Man erhält dasselbe Endprodukt, wenn man Anethol mit Antimontrichlorid auf folgende Weise behandelt:

Anethol wird mit dem Chloride verrieben, bis es eine rote Farbe angenommen hat; indem man die erhaltene Masse kurze Zeit mit Wasser kocht, wird sie weiss und setzt sich zu Boden. Man saugt ab und wäscht gut nach; das Produkt wird nun in Aether gelöst und daraus durch Alkohol gefällt. Die weitere Behandlung ist wie oben.

Das so erhaltene Polymere, das ich Isoanisoïn nennen will, ist in Alkohol unlöslich, in Chloroform, Schwefelkohlenstoff, Benzol, Essigäther, Anilin, Nitrobenzol leicht, in Eisessig schwer löslich.

Die Analysenresultate sind folgende:

I. 0,2098 gr Subst. gaben 0,6218 gr CO_2 u. 0,1564 gr H_2O
II. 0,1469 gr „ „ 0,4351 gr CO_2 u. 0,1099 gr H_2O

Gefunden:	I	II	Ber. f. $C_{10}H_{12}O$
C	80,84	80,80	81,08
H	8,24	8,30	8,1

Die Molekulargewichtsbestimmung wurde in Nitrobenzol ausgeführt.

Lösungsm.	gr Subst.	gr Lösgsm.	beob. Depr.	Mol. Gew.
$C_6H_5NO_2$	0,1087	22,9423	0,07	479
„	{ 0,1292	40,9550	0,05	447
„	{ 0,4232	40,9550	0,15	489

Das theoretische Molekulargewicht ist 444 (3faches Mol. Gew. des Anethols); folglich stellen obige Resultate als empirische Formel für Isoanisoin fest $(C_{10}H_{12}O)_3$.

Löst man Isoanisoin in der Kälte in konz. Schwefelsäure, so wird die Lösung dunkelrot, auf Zusatz von

H_2O tritt Entfärbung ein, der Körper fällt aus. Erwärmt man die Lösung vor dem Wasserzusatz, so tritt nach demselben ebenfalls Entfärbung ein, doch bleibt das Isoanisoin in Lösung.

Oxydationsversuch.

$^1/_2$ gr Isoanisoin wurde in Eisessig gelöst, so lange bei Wasserbadtemperatur mit Chromsäure versetzt, bis die Farbe der letzteren stehen blieb. Auf Zusatz von Wasser fällt aus der Lösung nichts aus; sie wurde deshalb mit Aether ausgeschüttelt; beim Verdunsten hinterblieb nur Essigsäure. Von Kaliumpermanganat und von verd. Salpetersäure wurde Isoanisoin nicht angegriffen. Also scheint beim Isoanisoin eine Ringbildung vorzuliegen, welche chemischen Reagentien noch weniger zugänglich ist, als die des Metanethols, da dieses durch verd. Salpetersäure oxydiert wurde.

Einwirkung von Bromwasserstoff-Eisessig auf Isoanisoin.

Ich beabsichtigte durch Behandlung des Isoanisoins mit HBr die CH_3-Gruppe abzuspalten, d. h. aus dem Aether das Phenol zu gewinnen. Das Isoanisoin wurde mit dem Bromwasserstoff-Eisessig in einem Einschmelzrohr im Wasserbad 6—8 Stunden auf 100° erhitzt. Nach Beendigung dieser Reaktion bestand der Röhreninhalt aus einer braunen, rauchenden Flüssigkeit, aus welcher auf Zusatz von Wasser ein blaugrauer, fester amorpher Körper ausfiel. Derselbe war zum Teil in Na OH löslich und fiel auf Säurezusatz wieder aus, infolge dessen er ein Phenol zu sein scheint. Doch bildete sich ausser dem Phenol noch dessen Essigsäureester. Aus obigem ergibt sich folgende Darstellungsmethode des Phenols:

Isoanisoin wird mit Bromwasserstoff-Eisessig $6—8^h$ im Einschmelzrohr auf 100° erhitzt; der auf Wasserzusatz erhaltene Niederschlag wird abgesaugt, mit H_2O nachgewaschen und mit methyl-alkoholischem Kali verseift; die Lösung wird in Wasser gegossen und mit Säure ausgefällt. Man erhält dadurch einen braunen, gallertertigen, nur durch Filtration durch ein Faltenfilter von der Flüssigkeit zu trennenden Niederschlag. Zur Reinigung wird derselbe mit Essigäther ausgeäthert, letzterer abdestilliert, der Rückstand wird nochmals in Natronlauge gelöst, mit Säure ausgefällt, dann in Alkohol gelöst woraus er sich auf Wasserzusatz niederschlägt. Weiter wird das Phenol in Aceton gelöst, mit Tierkohle gekocht und mit Wasser ausgefällt. Nachdem man das ausgeschiedene Harz entfernt hat, mittelst Filtration durch ein grobes Filter, macht man mit einigen Tropfen Salzsäure den Niederschlag filtrierbar, indem er sich durch diesen Zusatz zusammenballt. Ich erhielt durch diese Behandlung das Phenol als hellbraunes Pulver, das ungefähr bei 290° schmilzt. Das Phenol konnte jedoch nicht so rein erhalten werden, um stimmende Analysen zu liefern.

I. 0,1221 gr Subst. gaben 0,3347 gr CO_2 u. 0,0970 gr H_2O
II. 0,1040 gr „ „ 0,2893 gr CO_2 u. 0,0738 gr H_2O
III. 0,1335 gr „ „ 0,3805 gr CO_2 u. 0,0986 gr H_2O

Gefunden:	I	II	III	Berechnet f. $C_9H_{10}O$
C	74,77	75,86	77,75	80,59
H	8,83	7,88	8,16	7,46

Die Analysen wurden mit verschiedenen Präparaten ausgeführt. (Das Material der Analyse I war mit dem Essigester des Phenols verunreinigt.)

Löslichkeitsverhältnisse: in H_2O, Aether, Petroläther, Methylalkohol unlöslich, in Eisessig, Chloroform, Nitrobenzol schwer öslich, in Alkohol, Essigäther u. Aceton leicht.

Dass das erhaltene Produkt unzweifelhaft ein Phenol ist, geht aus folgender Reaktion hervor. Wird diese Substanz mit Diazobenzolsulfosäure versetzt, so erhält man eine schwache Rosafärbung; gibt man etwas Essigsäure zu, so wird die Flüssigkeit sofort dunkelrot, d. h. der Körper kuppelt mit Diazobenzolsulfosäure.

Was den Schmelzpunkt des Phenols betrifft, so ist derselbe ziemlich undeutlich; es beginnt bei 290° zu schmelzen und zersetzt sich bei 300°.

Oxydation des Phenols mit Kaliumpermanganat.

In der Hoffnung durch Oxydation eine Tricarbonsäure zu erhalten, wurden 4 gr Phenol in der dazu nötigen Menge Natronlauge gelöst, hierauf wird Sodalösung und eine 4% Kaliumpermanganatlösung bei Zimmertemperatur allmählich so lange zugegeben, bis die Permanganatfarbe auch bei Wasserbadtemperatur stehen bleibt. Der Ueberschuss an $KMnO_4$ wird mit einigen Tropfen Alkohol entfernt, hierauf kocht man auf und filtriert vom ausgeschiedenen Braunstein ab.

1. Braunsteinfiltrat.

Dasselbe wird etwas eingedampft; auf Zusatz von verd. Schwefelsäure fallen geringe Mengen eines hellgelben Körpers aus. Man lässt absitzen und filtriert.

2. Braunstein.

Derselbe wird in schwefliger Säure gelöst; beim Stehen sammelt sich auf dem Boden des Kolbens ein hellgelbes Pulver, das man abfiltriert. Das Filtrat wird mit Essigäther ausgeäthert u. enthält noch wenig dieses Körpers.

Die erhaltene Substanz ist in Natriumcarbonat löslich und fällt auf Säurezusatz wieder aus; deshalb ist sie wohl als Säure aufzufassen. Sie stellt eine hellgelbe kleisterartige Masse dar, deren Reinigung nicht gelungen ist.

Löslichkeitsverhältnisse: In H_2O und Amylalkohol mässig, in Alkohol und Phenol leicht, in Eisessig schwer, in Petroläther und Nitrobenzol unlöslich.

Da es nicht möglich war, entweder das Phenol oder die Säure, in analysenreinem Zustande zu erhalten. so vermag ich über die Strukturformel des Isoanisoins $(C_{10}H_{12}O)_3$ wenig zu sagen. Da das Mol. Gew. desselben das 3fache des Anethols ist und da es eine gesättigte Verbindung repräsentiert, so ist es möglich, dass es ein Derivat des Hexamethylens ist und ihm folgende Formel zukommt:

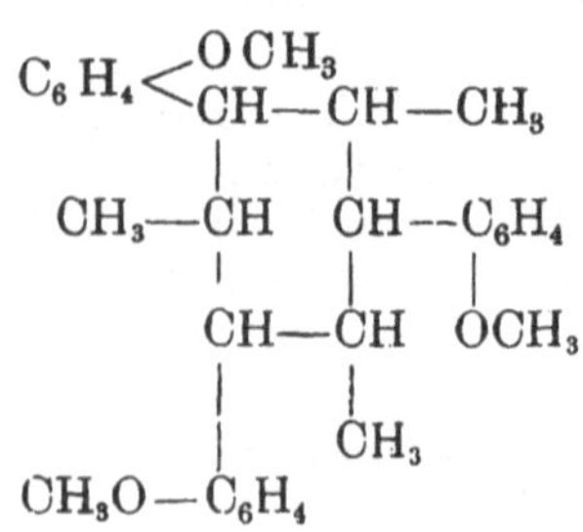

MIX
Papier | Fördert gute Waldnutzung
FSC® C083411

Zeitfracht Medien GmbH
Ferdinand-Jühlke-Straße 7
99095 Erfurt, Deutschland
produktsicherheit@kolibri360.de